Bibliografische Information der Deutschen Nationalbibliothek:

Die Deutsche Bibliothek verzeichnet diese Publikation in der Deutschen Nationalbibliografie; detaillierte bibliografische Daten sind im Internet über http://dnb.d-nb.de/ abrufbar.

Impressum:

Druck und Bindung: Books on Demand GmbH, Norderstedt Germany
ISBN: 9783668435469

Dieses Buch bei GRIN:

http://www.grin.com/de/e-book/358803/gehirntumore-im-kindes-und-jugendalter

Birkan Secgin

Gehirntumore im Kindes- und Jugendalter

GRIN Verlag

GEHIRNTUMORE IM KINDES- UND JUGENDALTER

1 Inhaltsverzeichnis

2 Einleitung

Um sich näher mit Gehirntumoren beschäftigen zu können, ist es wichtig sich zuvor mit der Anatomie des Gehirns zu befassen.

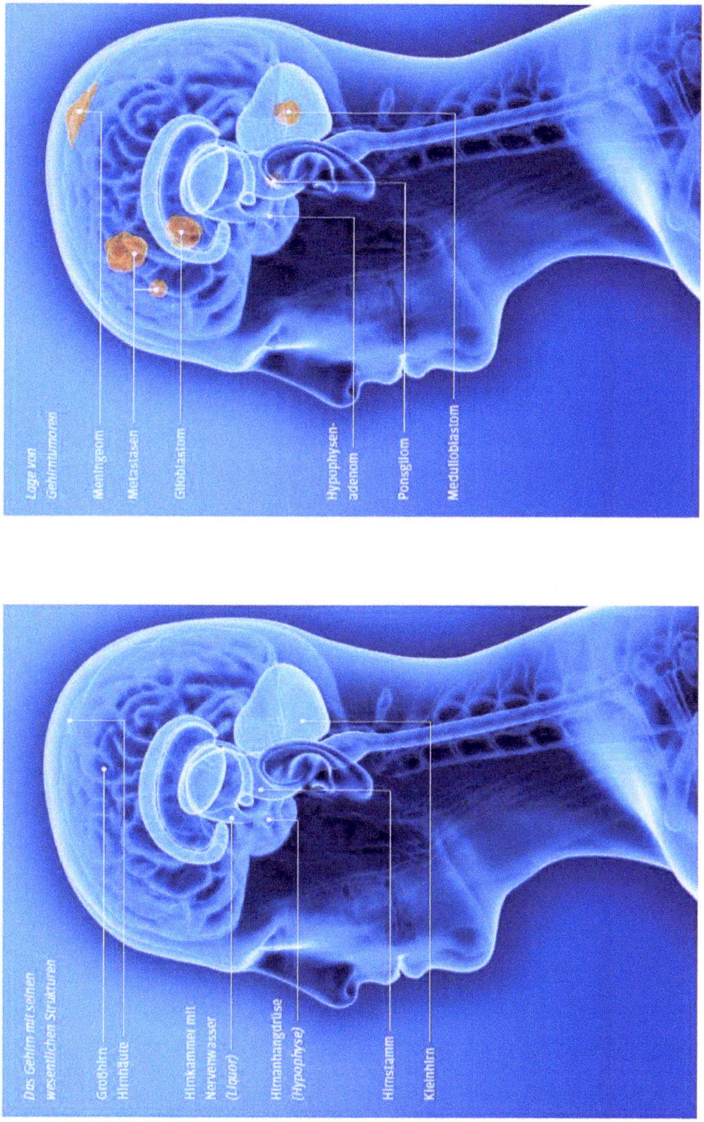

Abb. 1: Der Aufbau des Gehirns und die Lage von Gehirntumoren (entnommen aus Deutsche Krebshilfe e.V., 1994, S. 8 f.)

2.1 Motivation und Ziele

Mit etwa 450 Neuerkrankungen pro Jahr stellen Gehirntumore im Kindes- und Jugendalter eine – im Vergleich zum Erwachsenenalter – sehr große Gruppe in diesem Altersbereich dar (vgl. Deutsche Hirntumorhilfe e.V., 2016). Dabei ist es für jeden Erziehungsberechtigten eine Erschütterung zu erfahren, dass das Kind an einem Gehirntumor erkrankt ist. Die Frage, wie es nun weitergehen soll, beschäftigt viele davon auch noch nach einem Aufklärungsgespräch mit dem Neurologen. Unklarheiten, die nach dem Gespräch immer noch vorhanden sind, da man die Diagnose noch nicht verarbeitet hat, sollen mit dieser Seminararbeit geklärt werden. Mein Ziel ist es eine Grundlage zu schaffen, mit der sowohl Eltern, als auch betroffene Jugendliche arbeiten können, und somit eine Auskunft aus neutraler Sicht erhalten.

2.2 Aufbau der Arbeit

Um das Thema „Gehirntumore im Kindes- und Jugendalter" zu bearbeiten, wird in dieser Seminararbeit wie folgt vorgegangen: In Kapitel 3 wird zunächst der Begriff „Gehirntumor" definiert. Anschließend werden die thematischen Grundlagen zu Gehirntumoren erläutert, sodass in Kapitel 4 auf die einzelnen Gehirntumorarten eingegangen werden kann. Im Anschluss werden in Kapitel 5 die verschiedenen Arten der bildgebenden Verfahren zur vorläufigen Diagnose geschildert. Darauf folgend werden in Kapitel 6 die verbreitetsten Therapiemöglichkeiten geklärt. Abschließend wird in Kapitel 7 ein Fazit gezogen.

3 Theoretische Grundlagen zu Gehirntumoren

Um das Verständnis für Gehirntumore im Bereich der Neurobiologie zu erleichtern, erfolgt in diesem Kapitel zunächst eine Bestimmung des Begriffs „Gehirntumor". Anschließend werden sowohl die Risikogruppen und Symptome erläutert als auch wichtige Begriffe definiert.

3.1 Begriffsbestimmungen von Gehirntumoren

Unter dem Begriff Gehirntumore werden alle *„Geschwülste, die sich im Schädelinneren entwickeln"*, zusammengefasst. Dazu gehören Tumore, deren Ursprung auf das Gehirngewebe, die Hirnhäute, die Hirnnerven oder die Hirnanhangsdrüse zurückzuführen sind (vgl. Deutsche Krebshilfe e.V., 1994, S. 11).

Hier unterscheidet man zwischen primären und sekundären Gehirntumoren. Primäre Geschwülste bilden sich direkt aus den Zellen des Gehirngewebes oder der Hirnhaut. Aufgrund dessen werden sie auch hirneigene Tumore genannt.

Sekundäre Gehirntumore hingegen bilden sich aus den Zellen anderer Organtumoren, die durch die Lymphgefäße oder das Nervenwasser, auch Liquor genannt, in das Gehirn gelangen, und dort Tochtergeschwülste bilden. Solche entstandene Gehirntumore nennt man Hirnmetastasen (vgl. Onmeda-Redaktion, 2016).

Zudem unterscheidet man zwischen gutartigen (benignen) und bösartigen (malignen) Tumoren. Im Vergleich zu anderen Tumorarten können gutartige Gehirntumore lebensbedrohlich für die betroffene Person sein. Grund dafür ist der durch den Schädel begrenzte Raum. Folglich werden, je nach Art und Lage des Gehirntumors, bestimmte Gehirnzentren gegen den Schädel gedrückt, welches je nach Areal neurologische Dysfunktionen bzw. Ausfälle mit sich bringen (vgl. Sana Klinikum Offenbach).

Wie bei anderen Tumoren auch, können sich gutartige Gehirntumore im Verlauf der Erkrankung zu bösartigen Gehirntumoren verändern. Besonders bei den sogenannten Gliomen tritt dieses Phänomen auf (vgl. Deutsche Krebshilfe e.V., 1994, S. 12).

3.2 Risikogruppen und Symptome von Gehirntumoren

Bis zum jetzigen Zeitpunkt konnte man keine Umwelteinflüsse oder Lebensgewohnheiten als Auslöser für die Entstehung von Gehirntumoren feststellen (vgl. Deutsche Krebshilfe e.V., 1994, S. 13).

Allerdings gibt es bestimmte, sehr selten auftretende Erbkrankheiten, die eine Tumorbildung im Schädelinneren begünstigen. Zu solchen Erkrankungen gehören die „*Neurofibromatose* [(Morbus Recklinghausen)], [die] *tuberöse Sklerose,* [das] *von-Hippel-Lindau-Syndrom oder* [das] *Li-Fraumeni- Syndrom*“. Man muss jedoch beachten, dass nur ein geringer Anteil der Gehirntumoren auf diese Krankheiten zurückzuführen ist (vgl. Schwarz). Ein leicht erhöhtes Risiko an einem Gehirntumor zu erkranken haben auch Personen, die im Kindesalter mit radioaktiver Strahlung im Schädelbereich in Kontakt gekommen sind (vgl. Onmeda-Redaktion, 2016).

Zunächst bemerkt die erkrankte Person keinerlei Beschwerden. Nimmt der Tumor mit der Zeit an Größe zu, so treten erste typische Symptome auf. Dazu gehören neu auftretende Kopfschmerzen, die vor allem nachts und in den frühen Morgenstunden beginnen, mit der Zeit und im Liegen an Intensität zunehmen und tagsüber spontan verklingen. Ein weiteres Symptom ist die Übelkeit und das Erbrechen, dessen Ursprung nicht auf andere Erkrankungen zurückzuführen ist. Krampfanfälle gehören auch zu den typischen Kennzeichen eines Gehirntumors. Dazu gehören epileptische

Anfälle oder unwillkürliche Zuckungen einer Extremität oder Körperhälfte. Zuletzt sind Persönlichkeitsstörungen ein weiteres Merkmal für einen derartigen Tumor. Dies wird meistens nicht vom Erkrankten selbst, sondern von seinem Umfeld beobachtet. Die vorgestellten Anhaltspunkte zur Früherkennung eines bestehenden Gehirntumors sind nur einige wenige der zahlreichen weiteren Indikatoren. Nicht jede an einem Gehirntumor erkrankte Person muss dieselben Symptome aufweisen. Die Heftigkeit eines Symptoms hängt von der Art, der Lage und der Größe des Gehirntumors ab (vgl. Neuroonkologische Arbeitsgemeinschaft (NOA), 2012a).

3.3 Wichtige Begriffe im Kontext von Gehirntumoren

Um sich weiter mit dem Thema Gehirntumor beschäftigen zu können, müssen bestimmte Begriffe definiert werden.

Wie schon in Kapitel 3.1 erwähnt, unterscheidet man zwischen benignen und malignen Gehirntumoren. Während benigne Tumore nur langsam wachsen und sich von dem umliegenden Nervengewebe abgrenzen, gewinnen maligne Tumore dagegen schnell an Größe und weisen ein infiltratives Wachstum auf, d.h. sie dringen *„zerstörerisch in das* [umliegende] *Gewebe hinein“* (vgl. Onmeda-Redaktion, 2016).

Daraus folgt eine Gradierung der Tumore nach ihrer Gutartigkeit oder Bösartigkeit. Dazu verwendet man ein Schema der Weltgesundheitsorganisation (World Health Organization) namens WHO-Klassifikation. Insgesamt gibt es vier Grade, wobei *„Grad I einem sehr gutartigen* [...] [und] *Grad IV einem besonders bösartigen Tumor“* entspricht (vgl. Deutsche Krebshilfe e.V., 1994, S. 15 f.).

4 Gehirntumore im Kindes- und Jugendalter

25% aller neugebildeten Neoplasien im Kindes- und Jugendalter gehören zu der Gruppe der primären Tumore des zentralen Nervensystems (ZNS-Tumore). Somit stellen sie die größte Gruppe der soliden Tumoren in diesem Altersbereich dar.

Da sich jedoch die Histologie von Tumorart zu Tumorart unterscheidet, werden diese dementsprechend in verschiedene Gruppen eingeteilt. Zu den häufigsten Tumorarten im Kindes- und Jugendalter gehören Gliome, Medulloblastome, Ependymome und Kraniopharyngeome (vgl. Slavcl/Peyrl/Azizi, 2012, S. 8 ff.). Diese sollen nun näher erläutert werden.

4.1 Gliome

Mit ca. 50% aller neu diagnostizierten Gehirntumoren gehören Gliome zu den am häufigsten auftretenden primären ZNS-Tumoren weltweit (vgl. Block, 2013, S.300).

Dabei unterteilt man diese wiederum in niedrigmaligne und hochmaligne Gliome.

4.1.1 Niedrigmaligne Gliome

Grundsätzlich können Gliome niedriger Malignität in allen Abschnitten des Zentralnervensystems vorkommen. Bevorzugt entstehen diese jedoch im Kleinhirn und den zentralen Anteilen des Großhirns. Aufgrund ihrer niedrigen Bösartigkeit wachsen sie in der Regel sehr langsam.

Mit einem Anteil von 30 bis 40% gehören sie zu der größten Gruppe der ZNS-Tumoren bei Kinder und Jugendlichen (vgl. Yiallouros/Tallen, 2007, S. 3 f.). Bevorzugt tritt diese Art zwischen dem 5. und 17. Lebensjahr auf (vgl. Berlit, 2013, S.164). *„In Deutschland erkranken pro Jahr* [durchschnittlich] *über 250 Kinder und Jugendliche neu an einem* [geringgradig] *bösartigen Gliom."* Die Inzidenzrate liegt somit bei zwei bis drei pro 100.000 Kindern.

Die niedrigmalignen Tumoren umfassen eine breite Palette an Tumortypen. Dazu zählen alle Gliome mit einem WHO-Grad von I und II.

Dank dem Fortschritt in der Medizin schaffen es über 90% der Betroffenen langfristig zu überleben. Man muss hinzufügen, dass oft noch ein Tumorrest bleibt, oder bleibende Schäden durch den Tumor oder der Therapie bestehen bzw. entstehen. Dies hängt von vielen Faktoren ab. Dazu zählen Art, Lage, Größe und Operabilität des Tumors (vgl. Yiallouros/Tallen, 2007, S. 3 ff.).

4.1.2 Hochmaligne Gliome

15 bis 20% aller ZNS-Tumore gehören zu den hochgradig bösartigen Gliomen. Zu diesen Gliomen zählen alle mit einem WHO-Grad von III und IV. Dabei kommen sie in allen Altersgruppen vor. Allerdings ist die Wahrscheinlichkeit vor dem dritten Lebensjahr an solch einem Tumor zu erkranken sehr gering.

In Deutschland werden pro Jahr bei 60 bis 80 Kindern und Jugendlichen unter 15 Jahren hochgradig maligne Gliome neu diagnostiziert. Das macht eine Inzidenzrate von fünf bis zehn pro 1.000.000 Kindern.

Hochmaligne Tumore können wiederum in zwei verschiedene Gruppen unterteilt werden. Es gibt zunächst die Hirnstamm-Gliome. Sie werden auch „typische diffus intrinsische Ponsgliome" genannt und machen etwa 40% aller hochgradigen Gliome aus. Aufgrund der ungünstigen Lage des Tumors am Pons (Brücke) vom Hirnstamm, kann es schon bei einem kleinen Tumor rasch zu einer Lähmung kommen. Aufgrund dessen hat solch ein Typus eine besonders schlechte Prognose.

Alle hochmalignen Gliomen in anderen Hirnbereichen werden als andere Gliome zusammengefasst. Sie machen ungefähr die übrigen 60% aus. Wegen ihrer verschiedenen Gewebetypen kann man diese weiter unterteilen. Das glioblastoma multiforme (kurz: Glioblastom) gehört zu den am häufigsten auftretenden hochgradig bösartigen Gliomen im Kindes- und Jugendalter und hat einen WHO-Grad von IV. Trotz stetig steigender Verbesserungen in Medizin und Technik ist die Prognose für Kinder und Jugendliche sehr ungünstig. Unbehandelt führt dieser Tumortyp innerhalb von wenigen Monaten zum Tod. Bei entsprechender Behandlung liegt die 5-Jahres-Überlebensrate bei 10 bis 19%. Wie aber auch bei den niedriggradig malignen Gliomen ist es von denselben Faktoren abhängig.

Bei solchen Tumoren ist die Wahrscheinlichkeit eines Rezidivs – einem Krankheitsrückfall – selbst bei erfolgreicher Erstbehandlung trotzdem noch groß (vgl. Yiallouros, 2007, S. 3 ff.).

4.2 Medulloblastome

Mit einem Gesamtanteil von 25% gehören Medulloblastome zu dem am zweithäufigsten auftretenden ZNS-Tumoren bei Kindern und Jugendlichen. Ihre Lage beschränkt sich auf das Kleinhirn. Dort bilden sie sich aus extrem unreifen und undifferenzierten Zellen des Zentralnervensystems bzw. des Kleinhirns. Aufgrund dessen wachsen sie sehr schnell und infiltrativ in das umliegende Gewebe ein (vgl. Tallen/Yiallouros, 2007a, S. 3 f.). Deshalb erhält solch ein Tumor den Grad IV in der WHO-Klassifikation (vgl. Berlit, 2013, S. 166). In Deutschland erkranken pro Jahr zwischen 68 und 77 Kinder und Jugendliche unter 15 Jahren an einem Medulloblastom. Das macht eine Inzidenzrate von fünf bis sechs Neuerkrankungen pro 1.000.000 Kinder (vgl. Tallen/Yiallouros, 2007a, S. 3 f.). In der Regel liegt das Erkrankungsalter zwischen dem fünften und zwölften Lebensjahr (vgl. Berlit, 2013, S.166).

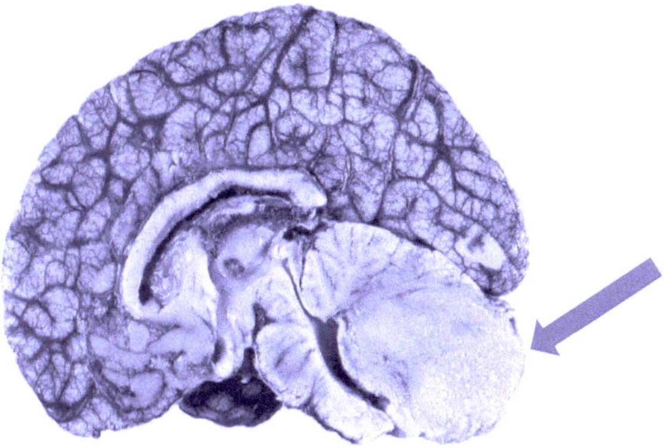

Abb. 2: Medulloblastom eines Kindes (entnommen aus http://www.pubcan.org/images/large/0118_Medulloblastom.jpg Abrufdatum: 22.08.2016)

„*Über die Gehirn-Rückenmark-Flüssigkeit* [– auch Liquorweg genannt –] *kann es zur Bildung von* [...] [Metastasen] *innerhalb des* [zentralen Nervensystems] *kommen.*" Insgesamt können bei 33% der Betroffenen zum Zeitpunkt der Erstdiagnose Tochtergeschwülste festgestellt werden.

Wie bei den Vorgängern auch konnte durch eine Verbesserung des Medizinsektors, die Überlebensrate der Patienten innerhalb von 55 Jahren verzwanzigfacht werden. Die heutige Überlebenschance beträgt 60%. Ist jedoch das Risikoprofil, welches von der Tumorbiologie, dem Metastasierungsstatus und der Operabilität des Tumors abhängt, niedrig, so steigt die Überlebensrate auf bis zu 80% (vgl. Tallen/Yiallouros, 2007a, S. 3 ff.).

4.3 Ependymome

10% der gesamten Gehirntumorerkrankungen bei Kindern und Jugendlichen machen Ependymome aus. Damit gehört diese Art zu den eher selteneren Erkrankungen.

Das Ependymom bildet sich aus entarteten Ependymzellen, welche die Innenwände der Hirnkammern und die des Rückenmarkkanals auskleiden. Ungefähr 60% aller Ependymome wachsen im vierten Ventrikel der hinteren Schädelgrube. Sie weisen meist ein infratentorielles Wachstum auf, d.h. sie breiten sich in der hinteren Schädelgrube entlang des Kleinhirns, des Hirnstamms und des oberen Halsmarks aus. Von den restlichen 40% befinden sich 30% im Bereich der Seitenventrikel des Großhirns und des dritten Ventrikels des Zwischenhirns. Die übrigen 10% haben ihren Standort im Rückenmarkskanal.

Ependymome können in allen Altersgruppen auftreten. Oft treten sie in den ersten drei bis vier Lebensjahren auf, wobei der Durchschnittsalter der Erstdiagnose sechs Jahre ist. 45 Kinder und Jugendliche erkranken jährlich an einem Ependymom in Deutschland, was eine Inzidenzrate von vier pro 1.000.000 Kindern ausmacht.

Es gibt viele verschiedene Ependymomformen. Sie reichen von einer WHO Grad-I-Dignität bis zu einer WHO Grad-III-Dignität. Das normale Ependymom hat eine WHO-Gradierung von II. Es gibt jedoch auch gutartigere Formen. Zu diesen zählen das Supependymom und das Myxopapilläre Ependymom (vgl. Tallen/Yiallouros, 2007b, S. 3 f.). Letzteres kommt ausschließlich im Cauda equina (Ansammlung von Spinalnervenwurzel am Ende des Rückenmarks) vor. Beide haben jeweils einen WHO-Grad von I. Es gibt aber auch die Gefahr, dass ein Ependymom anaplastisch wird. Tritt diese Situation ein, so spricht man von einem anaplastischen Ependymom. Dieses weist aufgrund ihrer maligneren Form eine WHO-III-Dignität auf (vgl. Berlit, 2013, S. 173).

Die Prognose dieses Tumors hängt hauptsächlich von ihrer Operabilität ab. Ist es möglich den Tumor vollständig zu entfernen, so liegt die Überlebensrate nach einer Nachbestrahlung bei 60 bis 75% nach fünf Jahren und zwischen 50 und 60% nach zehn Jahren. Ist es jedoch aus verschiedenen Gründen, wie z.B. einer ungünstigen Lage des Tumors, nicht möglich den Tumor zu entfernen, so liegt die 10-Jahres-Überlebenschance bei durchschnittlich geringen 30 bis 40% (vgl. Tallen/Yiallouros, 2007b, S. 9).

4.4 Kraniopharyngeome

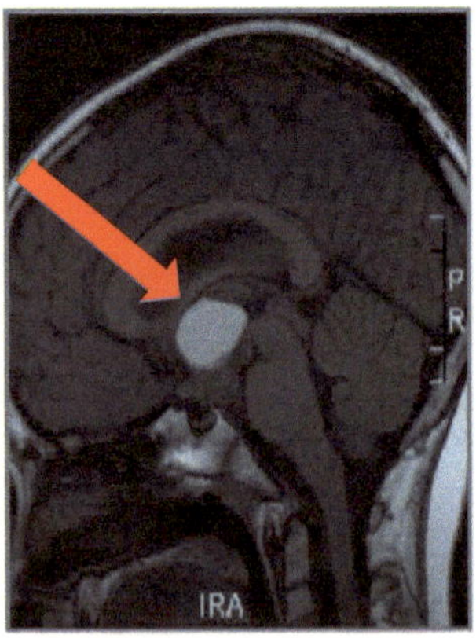

Abb. 3: Kraniopharyngeom eines 14-jährigen (entnommen aus Slavc/Peyrl/Azizi, 2012, S. 10)

Die seltenste Gruppe der ZNS-Tumore in dieser Arbeit bilden die Kraniopharyngeome. Sie entsprechen ungefähr 1,2 bis 4% aller intrakraniellen Tumore im Kindesalter (vgl. Müller/Sörensen, 2006, A2634).

Bei Kindern und Jugendlichen kommt diese Art ausschließlich in der Sellaregion vor. Genauer gesagt bildet es sich meist aus den mutierten Zellen des Hypophysenganges und der Rathken-Tache. Dabei weist er verschiedene Wachstumsrichtungen auf. Meist wächst diese Tumorart supra- oder retrosellär, d.h. über bzw. hinter die Sellaregion. Selten wird ein Einwachsen in den dritten Ventrikel mit zusätzlicher Kompression des Chiasma opticums beobachtet. Solch ein Wachstum nennt man auch intraselläres Wachstum. Das Kraniopharyngeom hat zwar eine solide Kapsel, jedoch sind im Inneren des Tumors zystische Anteile enthalten. Bei bis zu 50% der Fälle können Verkalkungen auftreten (vgl. Berlit, 2013, S. 169).

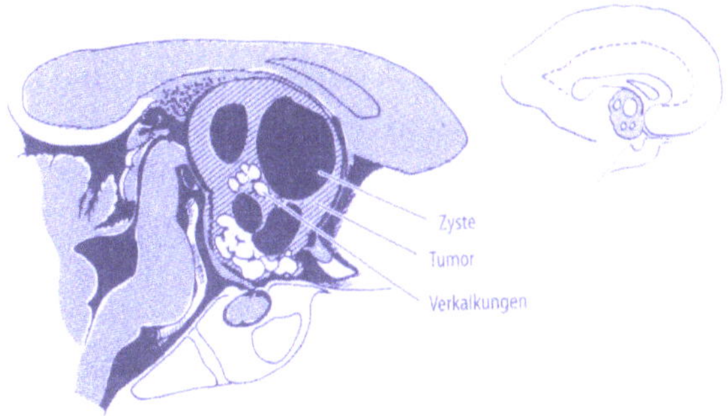

Abb. 4: Schematische Darstellung eines Kraniopharyngeoms (entnommen aus Berlit, 2013, S. 170 Abb. 8.8)

In Deutschland erkranken pro Jahr etwa 40 Kinder und Jugendliche an solch einem Tumor. Das macht eine Inzidenz von ungefähr 3,5 pro eine Million. Das Durchschnittsalter der Erstdiagnose ist acht Jahre und drei Monate.

Bei einem Kraniopharyngeom handelt es sich um einen Tumor mit einer WHO Grad-I-Dignität. Trotz ihrer besonderen Gutartigkeit kann solch ein Tumor gravierende Folgen für die betroffene Person mit sich bringen. Grund dafür ist die Lage des Tumors. Aufgrund ihrer anatomischen Nähe zum Sehnerv, zur Hirnanhangsdrüse und zum Hypothalamus ist die Behandlung sehr risikoreich. Nach erfolgreicher Behandlung liegt die Überlebenswahrscheinlichkeit zwar nach zehn Jahren bei 87%, jedoch ist dies oftmals mit schweren Spätfolgen, sowie mit einer gravierenden Einschränkung der Lebensqualität verbunden. Zu solchen Folgen gehört eine Einschränkung des Sehvermögens, endokrine Ausfälle, die eine irreversible Diabetes insipidus oder ein Wachstumshormonmangel mit sich bringen können, sowie eine Adipositas, d.h. eine Vermehrung des Körperfetts über die Norm, und Essstörungen. Emotionale Labilität, Wutattacken, abnorme sexuelle Verhaltensweisen und Defizite in der Gedächtnisleistung und intellektuellen Leistungsfunktionen können auf eine Blutung im Bereich des Hypothalamus zurückgeführt werden.

Insgesamt kann man also sagen, dass ein Kraniopharyngeom trotz ihrer niedrigen Malignität, das Leben eines Betroffen stärker beeinflussen kann, als ein ZNS-Tumor mit höherer Malignität (vgl. Müller/Sörensen, 2006, A2634 ff.).

5 Bildgebende Verfahren zur Diagnostik

Bei Verdacht auf einen Gehirntumor lassen die meisten Ärzte ein bildgebendes Verfahren anordnen, um diesen zu bestätigen oder zu widerlegen. Dabei gibt es viele verschiedene Arten, die je nach Tumor unterschiedliche Ergebnisse liefern. Dazu gehört die Computertomographie, die Magnetresonanztomographie und -angiographie, sowie die Positronenemissionstomographie. Bei allen sind jedoch ein Aufklärungsgespräch mit einem Radiologen, sowie eine schriftliche Einverständniserklärung der Erziehungsberechtigten von Nöten, um diese bei einem Kind oder einem Jugendlichen anzuwenden. Im weiteren Verlauf der Arbeit soll näher auf die oben erläuterten Verfahren eingegangen werden.

5.1 Computertomographie (CT)

Bei der Computertomographie fährt die betroffene Person in einen Computertomographen hinein. Dabei wird der Patient Röntgenstrahlungen ausgesetzt, die in das Schädelinnere eindringen und mit der Hilfe der umliegenden Fühler wieder aufgefangen werden. Dank dieser Methode kommt es mit dem Einsatz von komplizierten Rechenverfahren, und durch das Zusammensetzen mehrere Schnittbilder zu einem Gesamtbild (vgl. Deutsche Krebshilfe e.V., 1994, S. 28 f.).

Das CT wird aufgrund ihrer Schnelligkeit oft bei Notsituationen angewendet. Durch die Untersuchungszeit von wenigen Minuten ist es damit möglich Säuglinge und Kleinkinder auch ohne Narkose oder Sedierung, d.h. die Linderung von Funktionen des Zentralnervensystems, zu untersuchen (vgl. Yiallouros/Tallen, 2010).

Häufig wird diese Methode bei Kindern und Jugendlichen zur Erst- und Verlaufsdiagnostik und bei der Operations- und Bestrahlungsplannung angewendet (vgl. Tallen, 2003). Klare Vorteile bei dieser Methode sind, wie schon öfters erwähnt, die kurze Untersuchungszeit und die zuverlässige Feststellung von Blutungen sowie Verkalkungen (vgl. Deutsche Krebshilfe e.V., 1994, S. 29).

5.2 Magnetresonanzverfahren

5.2.1 Magnetresonanztomographie (MRT)

Zunächst scheinen sich das CT und die Magnetresonanztomographie, auch Kernspintomographie genannt, sehr ähneln, jedoch basieren beide auf zwei völlig anderen Prinzipien (vgl. Tallen (a)). Der Patient wird auch in eine Untersuchungs-Röhre eingefahren, jedoch arbeitet dieser mit der Erzeugung von Magnetwellen (vgl. Schwarz). Somit ist die Person von einem großen Magneten umgeben, der sämtliche Zellkerne des Organismus in eine Richtung lenkt. Anschließend beginnt dieser Magnet Radiowellen auszusenden, die je nach Gewebeart unterschiedlich stark absorbiert werden (vgl. Tallen (a)). Die nicht absorbierte Menge wird zurück reflektiert. Durch diese Eigenschaft entstehen sogenannte Resonanzbilder, die mit einer nahezu 100%-igen Genauigkeit darstellen können, dass es sich um einen Gehirntumor handelt bzw. nicht handelt.

Dieses Verfahren wird oft mit der Zugabe eines Kontrastmittels (Gadolinium) während der ablaufenden Prozesse ergänzt, um die Unterscheidung zwischen einem lebenden Tumorgewebe und einem Narbengewebe in Folge einer früheren Operation zu vereinfachen (vgl. Yiallouros/Tallen, 2010). Dies erfolgt immer intravenös über einen zentralen Venenkatheter oder über kleinere Venen auf dem Handrücken oder am Unterarm.

Im Vergleich zur Computertomographie werden bei diesem Verfahren genauere Schnittbilder erstellt. Aber dies hat einen viel längeren Aufenthalt in der Röhre mit zusätzlich unangenehm lauten Geräuschen zur Folge, weswegen dies bei Säuglingen, Kleinkindern und Kindern, ohne entsprechender Narkose oder Sedierung, kaum möglich ist anzuwenden (vgl. Tallen (a)).

5.2.2 Magnetresonanz-Angiographie (MRA)

Neben dem MRT gibt es auch die sogenannte Magnetresonanzangiographie. Sie ähneln sich bei der Durchführung sehr, jedoch spezialisiert sich die MRA auf die Abbildung des Gefäßsystems des Gehirns. Dieses Verfahren ist für die Bestimmung der Vaskularisation des Tumors, also der Blutversorgung zuständig und somit auch wichtig für den Neurochirurgen, da er damit Blutungen im Gehirn und dadurch resultierende mögliche Folgen vermeiden kann. Manchmal reicht die MRA an sich nicht aus, um die Blutversorgung ausreichend zu beurteilen, weswegen man zusätzliche angiographische Methoden anwendet (vgl. Yiallouros/Tallen, 2010). Dazu

zählt die digitale Substraktionsangiographie (DAS), die auch die Arterien und Venen darstellen kann.
Meistens werden diese Verfahren mit der Zugabe eines Kontrastmittels ergänzt, um die Blutgefäße besser sichtbar zu machen.
Bei Kindern und Jugendlichen kommt dieses Verfahren eher selten in Frage, da man für eine ideale Bildqualität für einen längeren Zeitraum ruhig liegen muss. Wird es aber angewendet, so erfolgt es oft in Verbindung mit einer Narkose (vgl. Tallen (b)).

5.3 Positronen-Emissions-Tomographie (PET)

Bei der Positronen-Emissions-Tomographie handelt es sich um ein Verfahren auf nuklearmedizinscher Basis (vgl. Yiallouros/Tallen, 2010). Dem Patienten werden radioaktiv markierte Zuckerverbindungen intravenös injiziert. Die meisten Tumore weisen einen größeren Stoffwechsel auf, weswegen sich die zugeführten Zuckerverbindungen dort stärker ansiedeln, als am restlichen gesunden Gewebe. Anschließend wird mit der Hilfe eines PET-Scanners ein Gesamtbild der Zuckerverteilung im ganzen Körper angefertigt. Dadurch können gleichzeitig neben dem primären Tumor, auch mögliche entstandene Metastasen entdeckt werden. Mit der sehr kurzen Halbwertszeit des radioaktiven Präparates kommt es zu keiner Schädigung des Patienten selbst und seiner Umwelt.
Im Vergleich zu anderen Methoden hat sie damit den Vorteil, dass nur lebendiges Tumorgewebe angezeigt werden kann (vgl. TallenYiallouros, 2006). Aufgrund dessen eignet sich dieses Verfahren auch gut, um den Krankheitsverlauf eines Patienten zu beurteilen und das Risiko eines Rezidivs einzuschätzen.

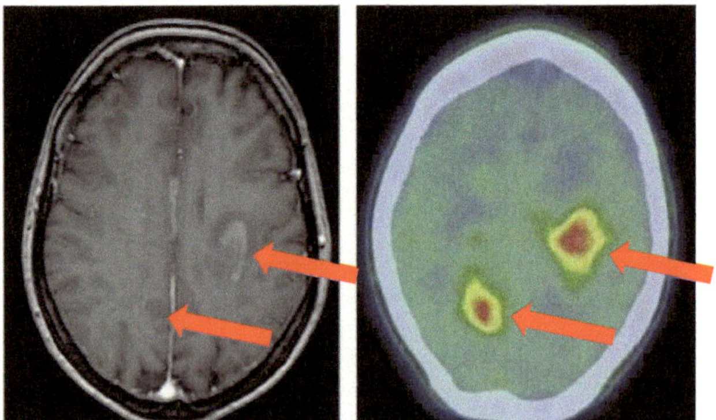

Abb. 5: Vergleich eines MRTs (links) mit einem PET (rechts) (entnommen aus https://www.krebsgesellschaft.de/onko-internetportal/basis-informationen-krebs/diagnosemethoden/positronen-emmission-tomografie-pet-bei-krebs.html Abrufdatum: 03.11.2016)

Bei Kindern und Jugendlichen wird diese Methode derzeit für eine Gehirntumordiagnostik ausschließlich experimentell im Rahmen von Studien angewendet (vgl. Yiallouros/Tallen, 2010). Man kann jedoch im Laufe der Zeit erwarten, dass sich diese Methode als gängiges Verfahren etabliert.

6 Therapiemöglichkeiten

Die Diagnose eines Gehirntumors ist für alle Eltern zunächst mal ein Schock. Um jedoch die beste Prognose zu erhalten, muss man so früh wie möglich mit der Behandlung beginnen. Meistens empfehlen die Ärzte eine Einzelne bzw. eine Kombination der drei folgenden Therapiemöglichkeiten.

6.1 Neurochirurgie

Der operative Eingriff ist für viele Ärzte der erste Ansatz einer erfolgreichen Therapie. Dabei muss jedoch das Risiko und die Effizienz gegeneinander abgewogen werden (vgl. NOA, 2012b). In manchen Fällen beschließt man, dass auf die Operation verzichtet wird. Kriterien für solch eine Entscheidung sind die Lage, die Art, das Wachstum und die auslösenden neurologischen Beeinträchtigungen des Tumors, sowie der allgemeine Zustand des Patienten, d.h. Alter und Gesundheit (vgl. Deutsche Krebshilfe e.V., 1994, S. 42 ff.).

Stellen alle dieser Faktoren kein oder ein geringes Problem dar, so versucht man den größtmöglichen Teil des Gehirntumors operativ zu entfernen. In vielen Fällen bleibt ein Tumorrest im Gehirn zurück, da eine radikale Entfernung anderes gesundes Gehirngewebe beschädigen kann. Vor allem bei bösartigen Tumoren ist dies der Fall, weil diese ein infiltratives Wachstum aufweisen (siehe Kapitel 3.3). Nach der Operation ist jedoch eine Nachbehandlung erforderlich.

Zu Beginn der Operation erfolgt ein gerader oder bogenförmiger Hautschnitt. Anschließend wir der Schädel mit einem Hochdruckbohrsystem ausgesägt, und die harte Hirnhaut (Dura mater encephali) geöffnet. Die Lokalisation des zu öffnenden Bereichs erfolgt über die in Kapitel 5 beschriebenen bildgebenden Verfahren.

Obwohl der Patient während der Operation in der Narkose ist, ist es über das intraoperative neurophysiologische Monitoring möglich wichtige Gehirnzentren auf ihre Funktionalität zu überprüfen. Bei Tumoren in der Nähe des Sprachzentrums greift man auf eine Wachoperation zurück, um die Grenze zwischen Tumor und diesem Gebiet besser feststellen zu können (vgl. NOA, 2012b).

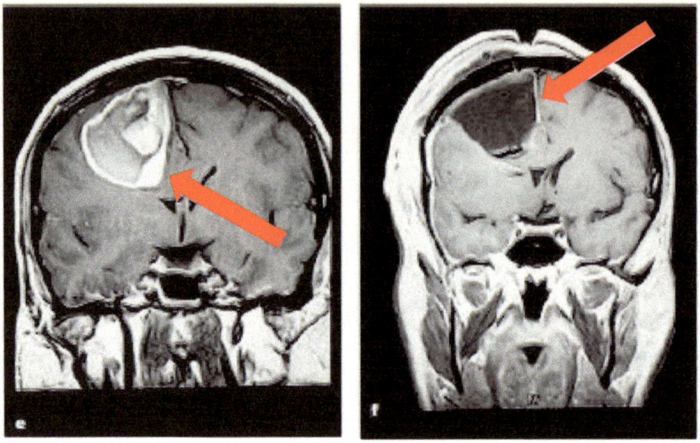

Abb. 6: Operatives Entfernen eines Glioblastoms (links); Größtenteils erfolgreich entfernt mit bleibendem Tumorrest (rechts) (entnommen aus Hacke, 2016, S. 306 Abb. 11.8a-f)

Wird die Operation von einem erfahrenen Chirurg durchgeführt, so beträgt die Rate der permanenten Operationsmorbidität, d.h. der bleibenden operationsbedingten Gesundheitseinschränkungen, die sich nach wenigen Tagen bis Wochen nicht zurückgebildet haben, bei ca. fünf Prozent. Die Richtwerte der Todesfälle aufgrund einer Operation (Operationsletalität) liegen hingegen unter zwei Prozent. Das individuelle Risiko hängt jedoch von den zu Beginn des Kapitals erwähnten Faktoren ab (vgl. Deutsche Krebshilfe e.V., 1994, S. 42 ff.).

Nach komplikationslosem Verlauf wird der Patient schon am ersten Tag auf die Allgemeinstation zurückverlegt. Spätestens nach 48 Stunden wird ein CT oder ein MRT angefertigt, um das Ergebnis der Operation zu begutachten (vgl. NOA, 2012b). Bei allen Gehirntumoren mit einer WHO Grad-II-Dignität beginnt man anschließend mit der Nachbehandlung. Ab einer WHO Grad-III-Dignität erfolgt dies nach der Wundheilung (vgl. Hacke, 2016, S. 305).

6.2 Strahlentherapie

Die Strahlentherapie kann entweder als erster Behandlungsansatz oder als Zusatzbehandlung angewendet werden. Durch „*moderne Bestrahlungsverfahren* [...] [ist ein] *optimaler Schutz benachbarter, besonders strahlenempfindlicher Risikostrukturen*“ gewährleistet. Somit sind Strahlenschäden heutzutage größtenteils vermeidbar (vgl. Hacke, 2016, S. 305).

Die Strahlentherapie ist vergleichbar mit einer Röntgenuntersuchung. Mittels CT oder MRT wird der zu bestrahlende Ort bestimmt. Anschließend wird von einem speziell dafür ausgebildeten Arzt – dem Strahlentherapeut oder Radioonkologen – eine bestimmt Strahlendosis verabreicht. Dabei ist die Einheit der Bestrahlungsdosis Gray (Gy).

Je nachdem, welche Strahlentechnik angewendet wird, kann sich die Dosis ändern. Insgesamt gibt es acht verschiedene Strahlentechniken. Dazu zählt die äußere Bestrahlung, die intensitätsmodulierte Strahlentherapie (IMRT), die interstitielle Strahlentherapie, das Gamma-Knife, das Cyberknife, die intensitätsmodulierte Pendelbestrahlung (IMAT), die Tomotherapie und die stereotaktische äußere Bestrahlung. In dieser Arbeit wird bloß auf die ersten fünf eingegangen.

Am häufigsten greift man auf die äußere Bestrahlung zurück. Dabei wird durch ein spezielles Bestrahlungsgerät – dem Linearbeschleuniger – über mehrere Wochen täglich eine Dosis zwischen 1,8 und 2 Gy durch die Haut und den Schädel millimetergenau auf das vorher bestimmte Gebiet bestrahlt.

Die IMRT passt sich besser an kompliziert geformte Areale an. Durch sie werden außerdem strahlenempfindliche Gebiete besser geschont, als bei anderen Methoden. Aufgrund dessen bietet sich dieses Verfahren bei Tumoren in der Nähe vom Hirnstamm und dem Sehnerven sehr gut an (vgl. Deutsche Krebshilfe e.V., 1994, S. 46 ff.).

Bei der interstitiellen Strahlentherapie werden sogenannte radioaktive Seeds in den Tumor eingepflanzt. Dabei kann die Strahlendosis individuell angepasst werden. Deswegen können solche Seeds im Tumor verbleiben. Nichtsdestotrotz sind lokale Strahlenreaktionen häufig (vgl. Hacke, 2016, S. 305).

Das Gamma-Knife sieht nur eine Behandlungssitzung mit einer sehr hohen Strahlendosis vor. Dabei wird der betroffenen Person eine helmförmige Bestrahlungseinrichtung aufgesetzt und anschließend mit Gammastrahlen bestrahlt.

Zuletzt gibt es das sogenannte Cyberknife. Hierbei handelt es sich um einer Miniatur des Linearbeschleunigers, welches mit der Hilfe eines Roboterarms aus allen denkbaren Richtungen Strahlen aussendet. Im Vergleich zum Gamma-Knife sind mehrere Sitzungen möglich.

Das Ziel jeder Strahlentherapie ist es schnell wachsende Zellen durch ionisierende Strahlen zu zerstören. Dies bringt aber ungewollte Nebenwirkungen mit sich. Dazu zählen Kopfschmerzen, Übelkeit, Erbrechen, Müdigkeit und Haarausfall. Nach Abschluss der Bestrahlung bilden sich diese Begleitreaktionen jedoch komplett zurück.

Bei Kindern unter vier Jahren wird auf diese Methode teilweise verzichtet, da das kindliche Gehirn zu dieser Zeit sehr strahlenempfindlich ist. Ersetzt wird diese dann mit einer Kombination aus Strahlentherapie und Chemotherapie (vgl. Deutsche Krebshilfe e.V., 1994, S. 45 ff.).

6.3 Chemotherapie

Es gibt viele Möglichkeiten, die Chemotherapie anzuwenden. Sie kann als letzter Ausweg fungieren, wenn weder die Operation, noch die Strahlentherapie den Tumor eliminieren, oder direkt nach der Operation in Kombination mit oder ohne der Bestrahlung angewendet werden. Dabei hängt die Wirksamkeit von bestimmten Faktoren ab. Dazu gehört der *„erreichbare Medikamentenspiegel* [...] [am Tumor, sowie die] [...] *Resistenz der Tumorzellen gegenüber dem Wirkstoff*“ (vgl. Hacke, 2016, S. 308). In der Regel erfolgt die Einnahme dieses Pharmazeutikum entweder intravenös, oder in Tablettenform. Selten wird sie in den Liquorraum injiziert. Die Einnahmemethode hängt jedoch von der Art, dem Grad, der Lage und dem Wachstumsverhalten des Tumors ab (vgl. Deutsche Krebshilfe e.V., 1994, S. 51).

Das Ziel dieses Verfahrens ist die direkte Schädigung des Tumors bzw. der Reparaturenzyme des Tumors. Ob überhaupt ein Patient diese Möglichkeit der Behandlung erhält, hängt von seiner Karnofsky-Performance-Score ab. Dieser gibt im Großen und Ganzen die erreichbare Lebensqualität des Patienten wieder. Ist dieser über 60, darf der Patient damit behandelt werden (vgl. Block, 2013, S. 301).

7 Fazit und Ausblick

Die Ausarbeitung hat gezeigt, dass Gehirntumore verschiedenartige Auswirkungen auf den Organismus ausüben können. Von der damit eingehenden Veränderung ist sowohl Patient, als auch der Erziehungsberechtigte betroffen. Die Anpassung erfolgt dementsprechend schwer. Sowohl Lage, Art und Wachstum des Tumors sind die entscheidenden Faktoren einer günstigen Prognose. Somit ist die erkrankte Person vollkommen auf zufällige Prozesse in dessen Körper angewiesen. Da auch noch keine Ursachen für die Entstehung eines Gehirntumors bekannt sind, ist eine Prävention unmöglich. Jeder kann an einen Gehirntumor erkranken, ob er will, oder nicht. Deswegen sind regelmäßige Arztbesuche wichtig, um eine frühestmögliche Diagnose zu stellen, und somit eine frühestmögliche Therapie zu beginnen. Viele Gehirntumore werden erst Jahre nach der Entstehung diagnostiziert, da sie erst dann neurologische Defizite verursachen. Dementsprechend wird man in der Zukunft versuchen, Ursachen zu entdecken und beseitigen, sowie neue Operationstechniken zu entwickeln, um die maximal mögliche Tumormasse zu entfernen, ohne umliegendes Gehirngewebe zu beschädigen. Derzeit wird versucht, modifizierte Krankheitserreger auf den Tumor anzusetzen, um ihn somit abzuschwächen bzw. zu „töten".

8 Literaturverzeichnis

Berlit, Peter: *„Basiswissen Neurologie. 6. Aufl.“*. Berlin Heidelberg New York: Springer-Verlag, 2013. -ISBN 978-3-642-37784-6. S. 161-173

Block, Frank: *„Praxisbuch neurologische Pharmakotherapie. 2. Aufl..“* Berlin Heidelberg New York: Springer-Verlag, 2013. -ISBN 978-3-642-34726-9. S. 300-308

Deutsche Krebshilfe e.V.: *„Die blauen Ratgeber : Antworten. Hilfen. Perspektiven.“* Bonn : Dt. Krebshilfe, 1994. –ISSN: 0946-4816

Deutsche Hirntumorhilfe e.V.: „Hirntumor bei Kindern“
www.hirntumorhilfe.de. Abrufdatum: 03.11.2016
https://www.hirntumorhilfe.de/service/medizin-und-forschung/news-details/article/hirntumoren-bei-kindern/

Hacke, Werner: *„Neurologie“*. Berlin Heidelberg New York: Springer-Verlag, 2016. –ISBN 978-3-662-46892-0. S. 301-308

Müller H. L. und Niels Sörensen: *„Kraniopharyngeome im Kindes- und Jugendalter.“* Deutsches Ärzteblatt 2006; 103 (40): A2634-A2640

Neuroonkologische Arbeitsgemeinschaft (NOA) (2012a). *„Hirntumor – Früherkennung.“*
www.krebsgesellschaft.de. Abrufdatum: 04.09.2016.
https://www.krebsgesellschaft.de/onko-internetportal/basis-informationen-krebs/krebsarten/hirntumor/frueherkennung.html

Neuroonkologische Arbeitsgemeinschaft (NOA) (2012b). *„Operation von Hirntumoren.“*
www.krebsgeselschaft.de. Abrufdatum: 04.09.2016.
https://www.krebsgesellschaft.de/onko-internetportal/basis-informationen-krebs/krebsarten/hirntumor/therapie-operation.html

Onmeda-Redaktion (2016). *„Hirntumor."*
www.onmeda.de. Abrufdatum: 04.09.2016.
http://www.onmeda.de/krankheiten/1448-print.html

Sana Klinikum Offenbach. *„Gehirntumor – was nun?."*
www.klinikum-offenbach.de. Abrufdatum: 03.11.2016.
https://www.klinikum-offenbach.de/leistungsspektrum/medizinische-zentren/neu-roonkologisches-zentrum/gehirntumor-was-nun.html

Schwarz Ricarda. *„Hirntumor."*
www.netdoktor.de. Abrufdatum: 14.10.2016.
http://www.netdoktor.de/krankheiten/hirntumor/

Slavc Irene, Andreas Peyrl und Amedeo Azizi: *„Primäre ZNS-Tumore im Kindes- und Jugendalter."* Pädiatrie & Pädologie : österreichische Zeitschrift für Kinder- und Jugendheilkunde. 03/2012: S. 8-11

PD Dr. med. Tallen Gesche (a). *„Magnetresonanztomographie (MRT, NMR, Kernspintomograhie)."*
www.kinderkebsinfo.de. Abrufdatum: 24.10.2016. http://www.kinderkrebs-info.de/e1812/e1998/e2014/e2026/index_ger.html

PD Dr. med. Tallen Gesche (b). *„Angiographische Methoden."*
www.kinderkrebsinfo.de. Abrufdatum: 24.10.2016
http://www.kinderkrebsinfo.de/e1812/e1998/e2014/e2036/index_ger.html

PD Dr. med. Tallen Gesche (2003). *„Computertomographie (CT)."*
www.kinderkrebsinfo.de. Abrufdatum: 24.10.2016.
http://www.kinderkrebsinfo.de/e1812/e1998/e2014/e2020/index_ger.html

PD Dr. med. Tallen Gesche und Maria Yiallouros (2006). *„Positronen-Emissions-Tomographie (PET)."*
www.kinderkrebsinfo.de. Abrufdatum: 24.10.2016.
http://www.kinderkrebsinfo.de/e1812/e1998/e2014/e2030/e15937/index_ger.html

PD Dr. med. Tallen Gesche und Maria Yiallouros (2007a). *„Medulloblastom, ZNS-PNET und Pineoblastom (Kurzinformation).“*
www.kinderkebsinfo.de. Abrufdatum: 04.09.2016.
http://www.kinderkrebsinfo.de/sites/kinderkrebsinfo/content/e9031/e10566/e51415/e16325/e52514/Medulloblastom_Kurzfassung06042016_ger.pdf

PD Dr. med. Tallen Gesche und Maria Yiallouros (2007b). *„Ependymom (Kurzinformation).“*
www.kindekrebsinfo.de. Abrufdatum: 04.09.2016.
http://www.kinderkrebsinfo.de/sites/kinderkrebsinfo/content/e9031/e10566/e40955/e16423/e41782/Ependymom-Kurzinformation_05042016_ger.pdf

Yiallouros Maria (2007). „Hochmaligne Gliome (Kurzinformation).“
www.kinderkrebsinfo.de. Abrufdatum: 07.09.2016.
http://www.kinderkrebsinfo.de/sites/kinderkrebsinfo/content/e9031/e10566/e25383/e19510/e41776/hochmaligneGliome_Kurzinfo16062016_ger.pdf

Dipl. Biol. Yiallouros Maria und PD Dr. med. Gesche Tallen (2007). *"Niedrigmaligne Gliome (Kurzinformation).“*
www.kinderkrebsinfo.de. Abrufdatum: 07.09.2016.
http://www.kinderkrebsinfo.de/sites/kinderkrebsinfo/content/e9031/e10566/e37209/e27282/e41778/KurzinfoNiedrigmaligneGliome04-2016_ger.pdf

Dipl.-Biol. Yiallouros Maria und PD Dr. med. Gesche Tallen (2010). *„Bildgebende Verfahren."*
www.kinderkebsinfo.de. 24.10.2016.
http://www.kinderkrebsinfo.de/erkrankungen/zns_tumoren/pohpatinfohg120070625/diagnostik_und_therapieplanung/erstdiagnose/bildgebende_verfahren/index_ger.html

9 Abbildungsverzeichnis

10 Abkürzungsverzeichnis

%	Prozent
Abb.	Abbildung
bzw.	beziehungsweise
ca.	circa
CT	Computertomographie
d.h.	das heißt
DAS	digitale Substraktionsangiographie
Gy	Gray
IMAT	intensitätsmodulierte Pendelbestrahlung
IMRT	intensitätsmodulierte Strahlentherapie
MRA	Magnetresonanzangiographie
MRT	Magnetresonanztomographie
PET	Positronenemissionstomographie
WHO	World Health Organization
z.B.	zum Beispiel
ZNS-Tumore	Tumore des zentralen Nervensystems